This Flower Pressing Book
Belongs To:

____

www.ingramcontent.com/pod-product-compliance
Lightning Source LLC
Chambersburg PA
CBHW070859220526
45466CB00005B/2048
* 9 7 8 1 6 9 1 4 6 4 0 0 5 *